U0359021

MathStart®
洛克数学启蒙 1

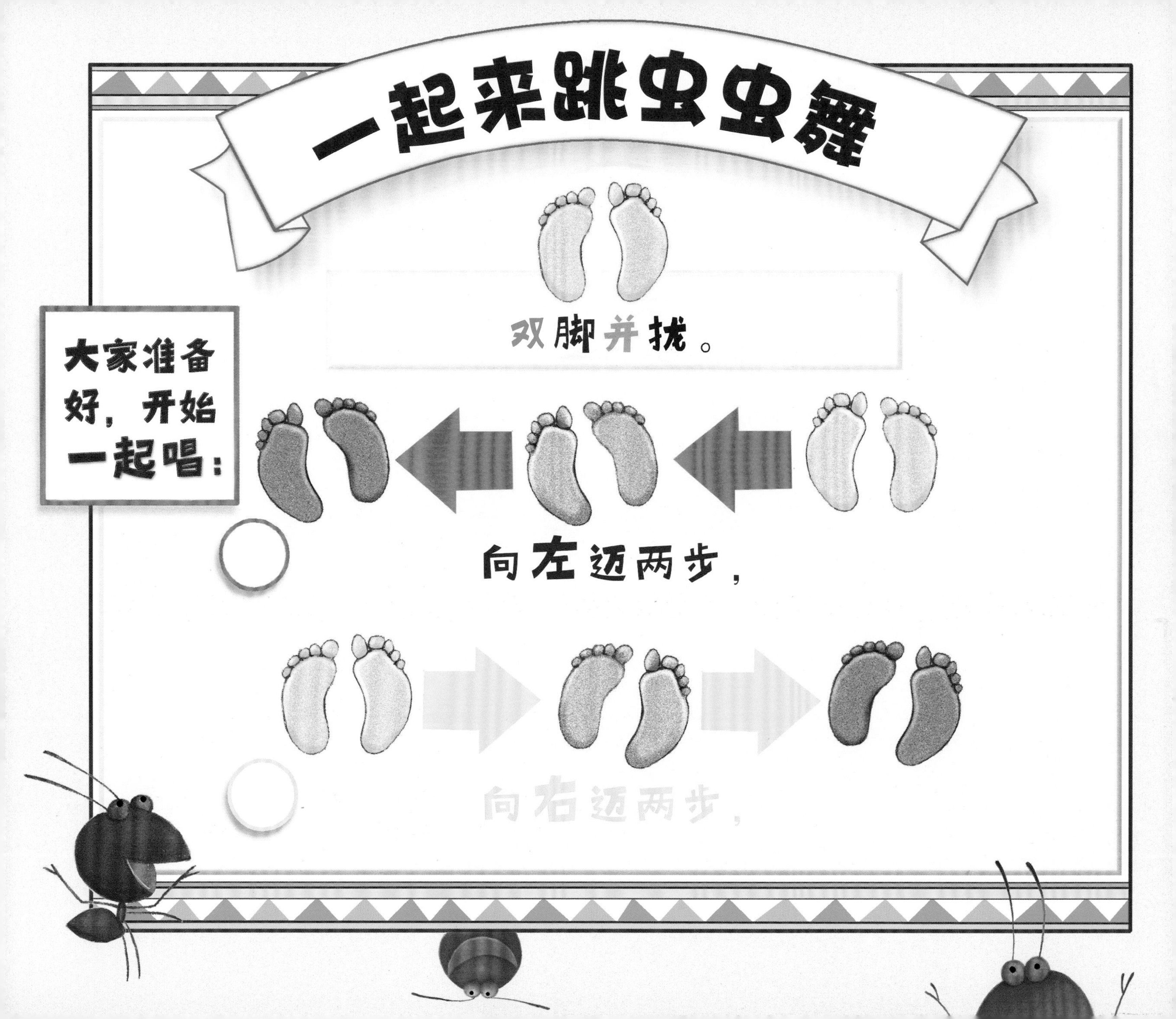
一起来跳虫虫舞
大家准备好，开始一起唱：
双脚并拢。
向左迈两步，
向右迈两步，

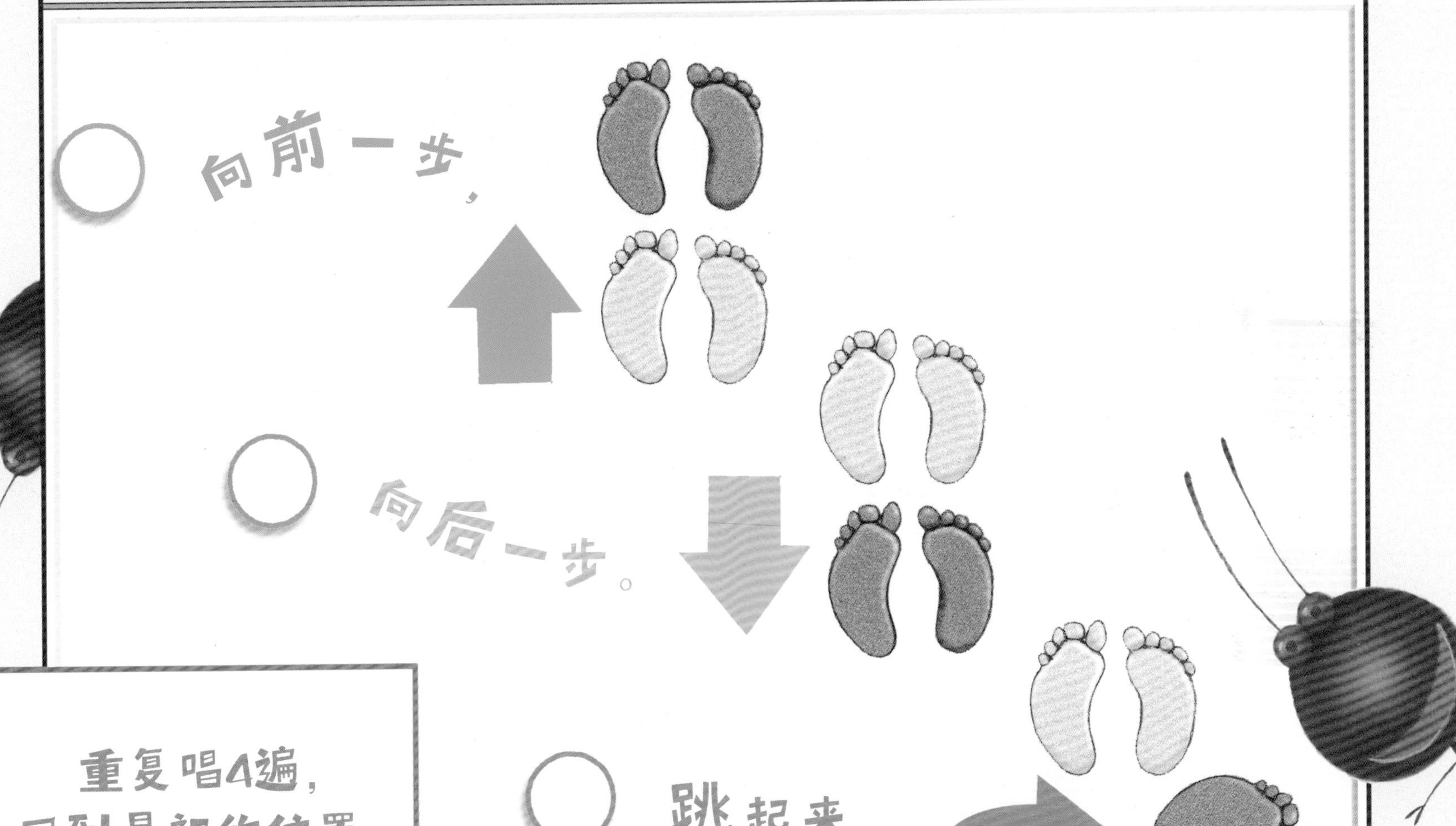

重复唱4遍，
回到最初的位置。
然后接着唱：
左扭扭，右扭扭。
虫虫舞要天天跳！

[美]斯图尔特·J. 墨菲　文　　[美]克里斯托弗·桑托罗　图　　吕竞男　译

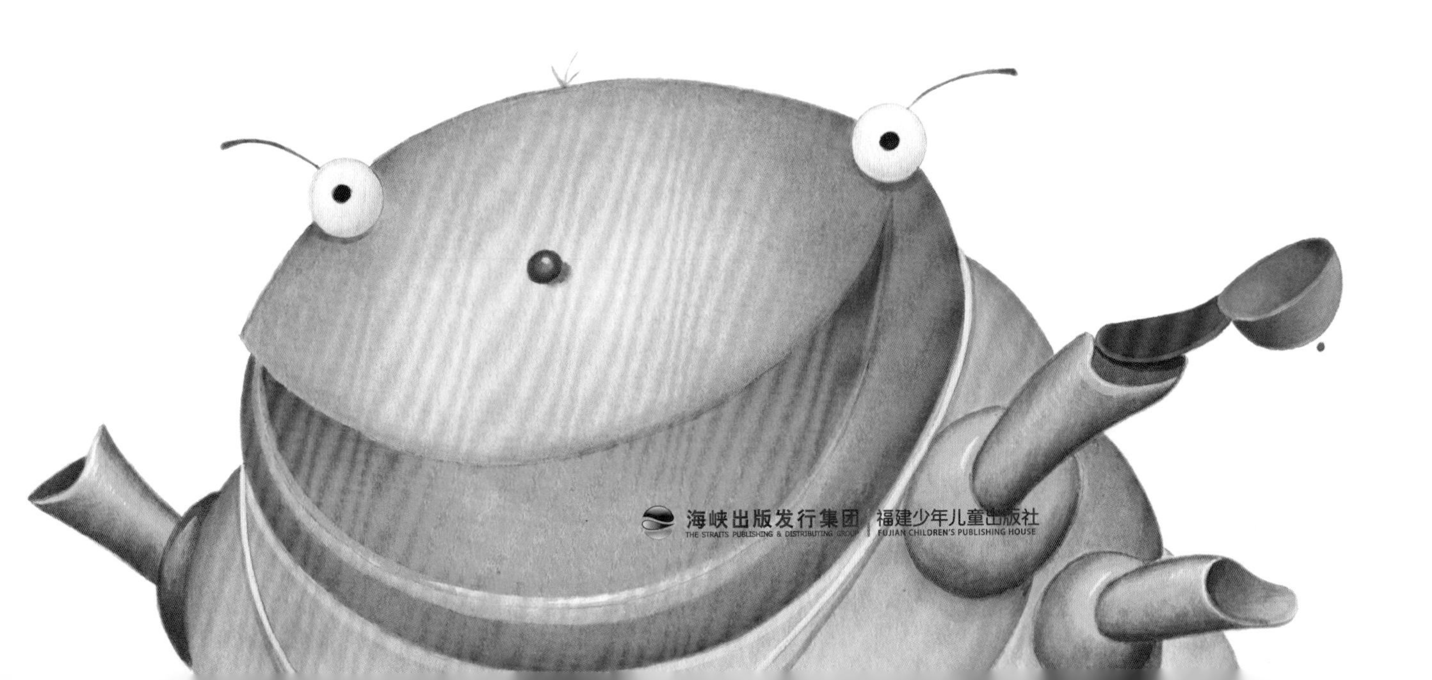

海峡出版发行集团 THE STRAITS PUBLISHING & DISTRIBUTING GROUP | 福建少年儿童出版社 FUJIAN CHILDREN'S PUBLISHING HOUSE

献给珍妮——她灵动的眼神让每个人都心生喜悦。

——斯图尔特·J. 墨菲

献给内森和吉姆，他们总是领先一到两步。

——克里斯托弗·桑托罗

图书在版编目（CIP）数据

洛克数学启蒙. 1. 虫虫爱跳舞 / (美) 斯图尔特·J.墨菲文；(美) 克里斯托弗·桑托罗图；吕竞男译. -- 福州：福建少年儿童出版社，2023.9
ISBN 978-7-5395-8088-3

Ⅰ. ①洛… Ⅱ. ①斯… ②克… ③吕… Ⅲ. ①数学-儿童读物 Ⅳ. ①O1-49

中国国家版本馆CIP数据核字(2023)第005296号

LUOKE SHUXUE QIMENG 1 · CHONGCHONG AI TIAOWU
洛克数学启蒙 1 · 虫虫爱跳舞

著　　者：[美]斯图尔特·J. 墨菲　文　[美]克里斯托弗·桑托罗　图　吕竞男　译
出 版 人：陈远　出版发行：福建少年儿童出版社　http://www.fjcp.com　e-mail:fcph@fjcp.com　社址：福州市东水路 76 号 17 层（邮编：350001）
选题策划：洛克博克　责任编辑：邓涛　助理编辑：陈若芸　特约编辑：刘丹亭　美术设计：翠翠　电话：010-53606116（发行部）　印刷：北京利丰雅高长城印刷有限公司
开　　本：889 毫米 ×1092 毫米　1/16　印张：2.5　版次：2023 年 9 月第 1 版　印次：2023 年 9 月第 1 次印刷　ISBN 978-7-5395-8088-3　定价：24.80 元

虫虫爱跳舞

所有的虫虫都爱上体育课，尤其是小蜈。他非常喜欢玩躲避球和“123木头人”游戏，还喜欢做开合跳。体育课马上要开始了，今天会做什么游戏呢？小蜈迫不及待地想知道。

毛毛教练大声宣布：“今天我们一起来学习跳舞。”

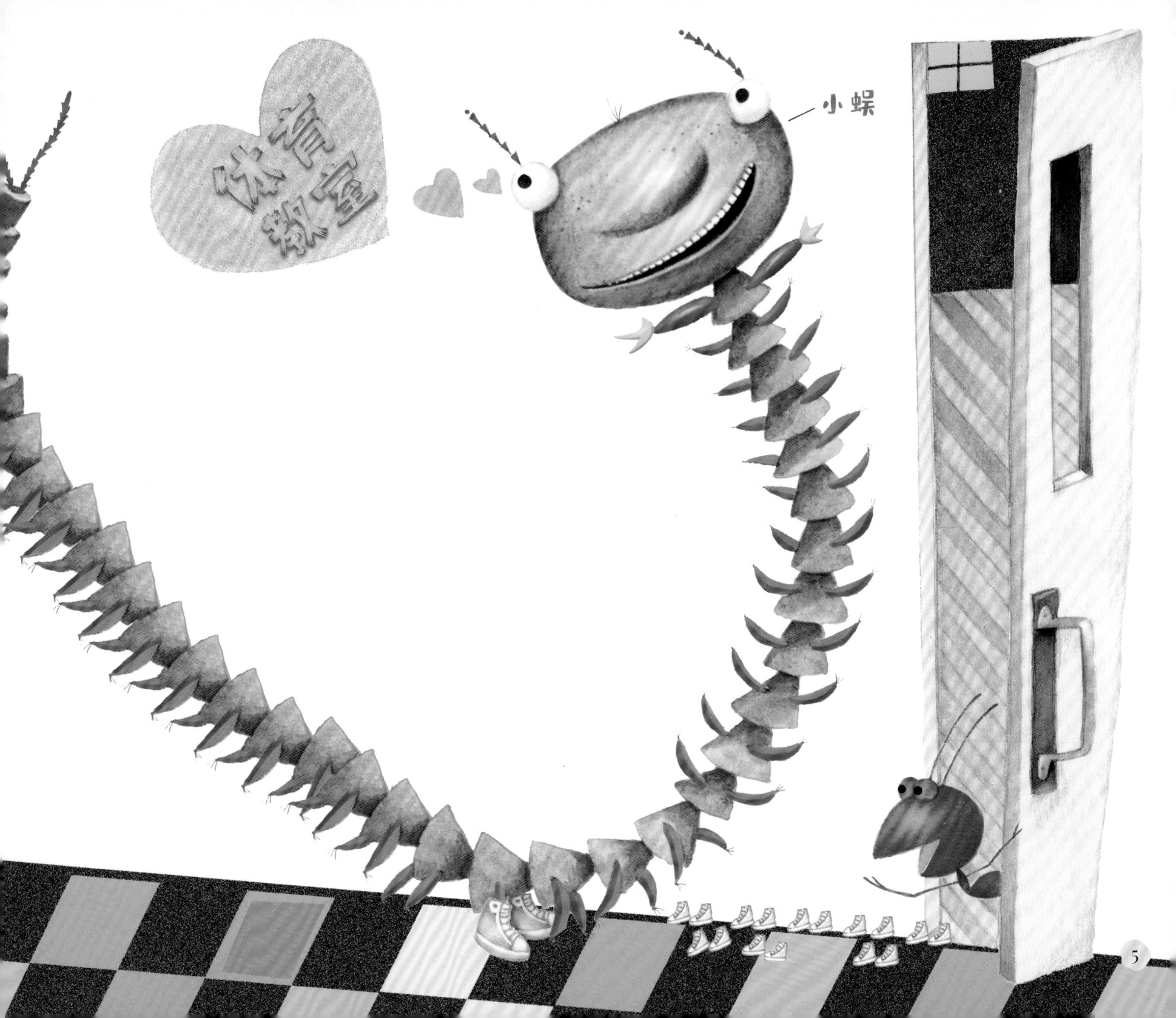
体育教室
小蜈

“跳舞！”小蜈很吃惊，“我不会跳舞。只要一跳舞，我就会被自己的脚绊倒！”

“不用担心，说不定这次你能学会呢。”好朋友小帅安慰他。

“你在开玩笑吧？”拱拱非常不屑，“小蜈和我们不一样，他天生就不适合跳舞。瞧，我跳起舞来多么优雅！”

“首先，我来给大家示范舞步，”毛毛教练说，“然后大家一起跳。”她转过身，和全班学生面向同一个方向，接着大声唱起来。

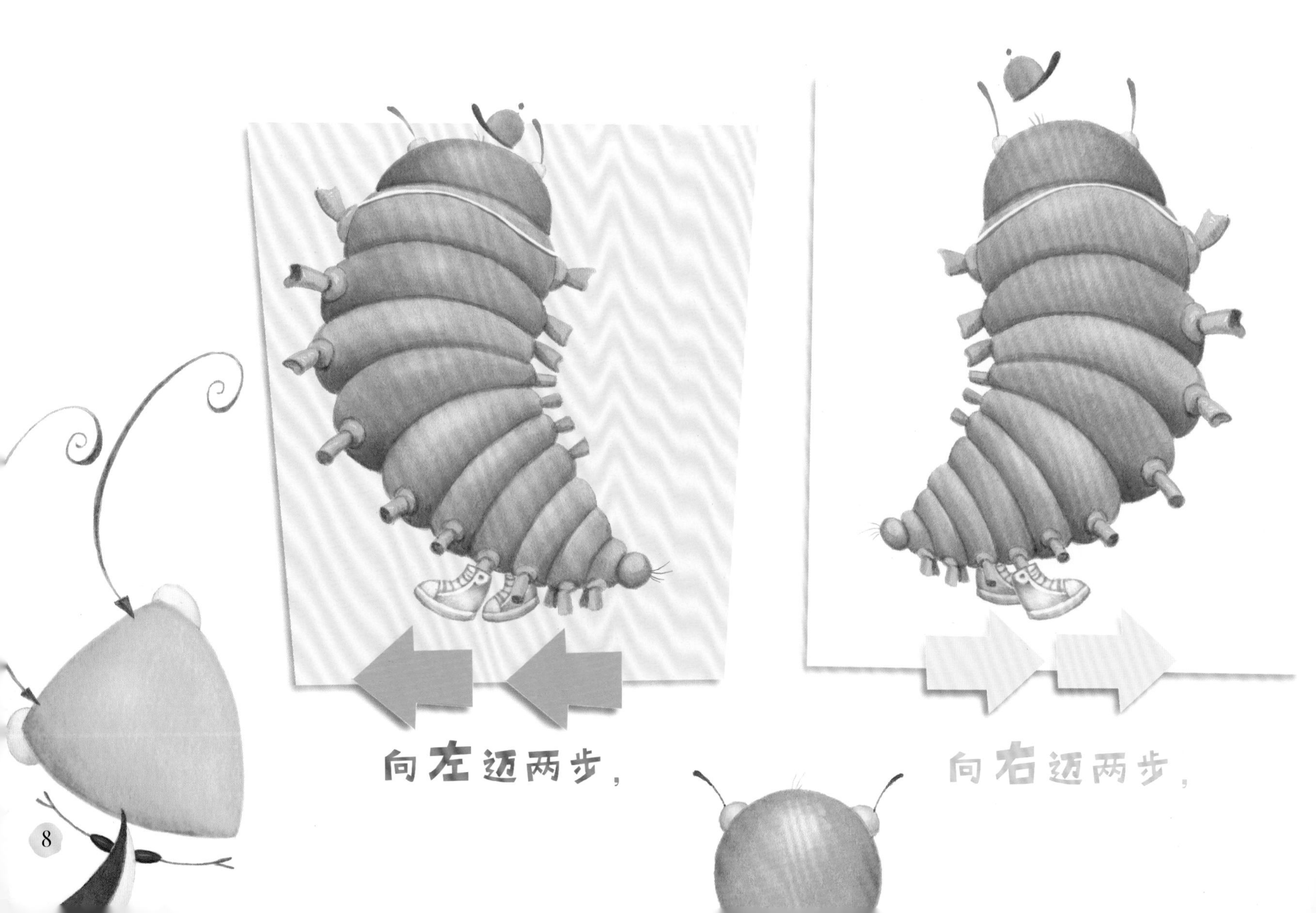

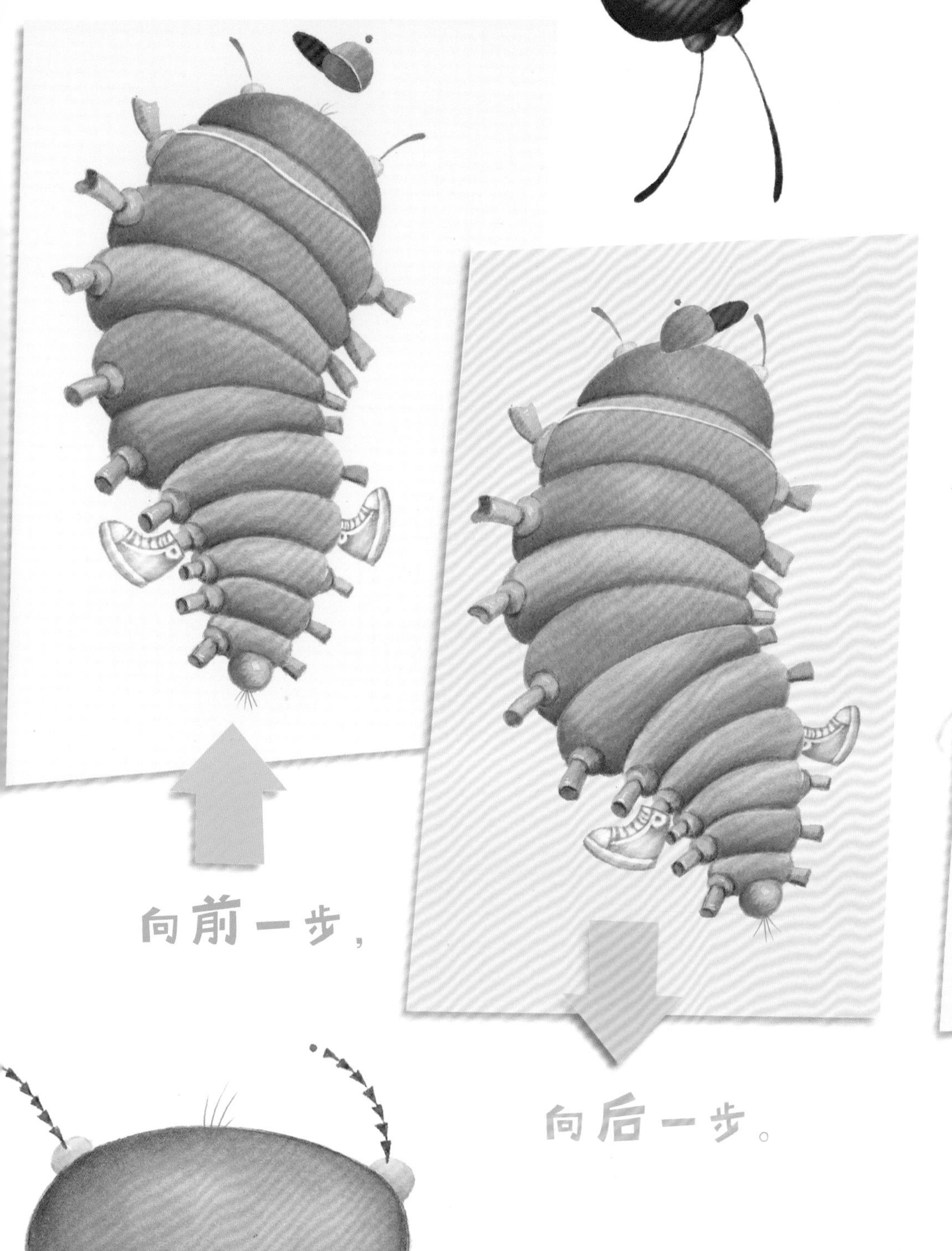

向前一步，

向后一步。

跳起来，向右转！

“哇！跳得真好看。”小帅赞叹道。

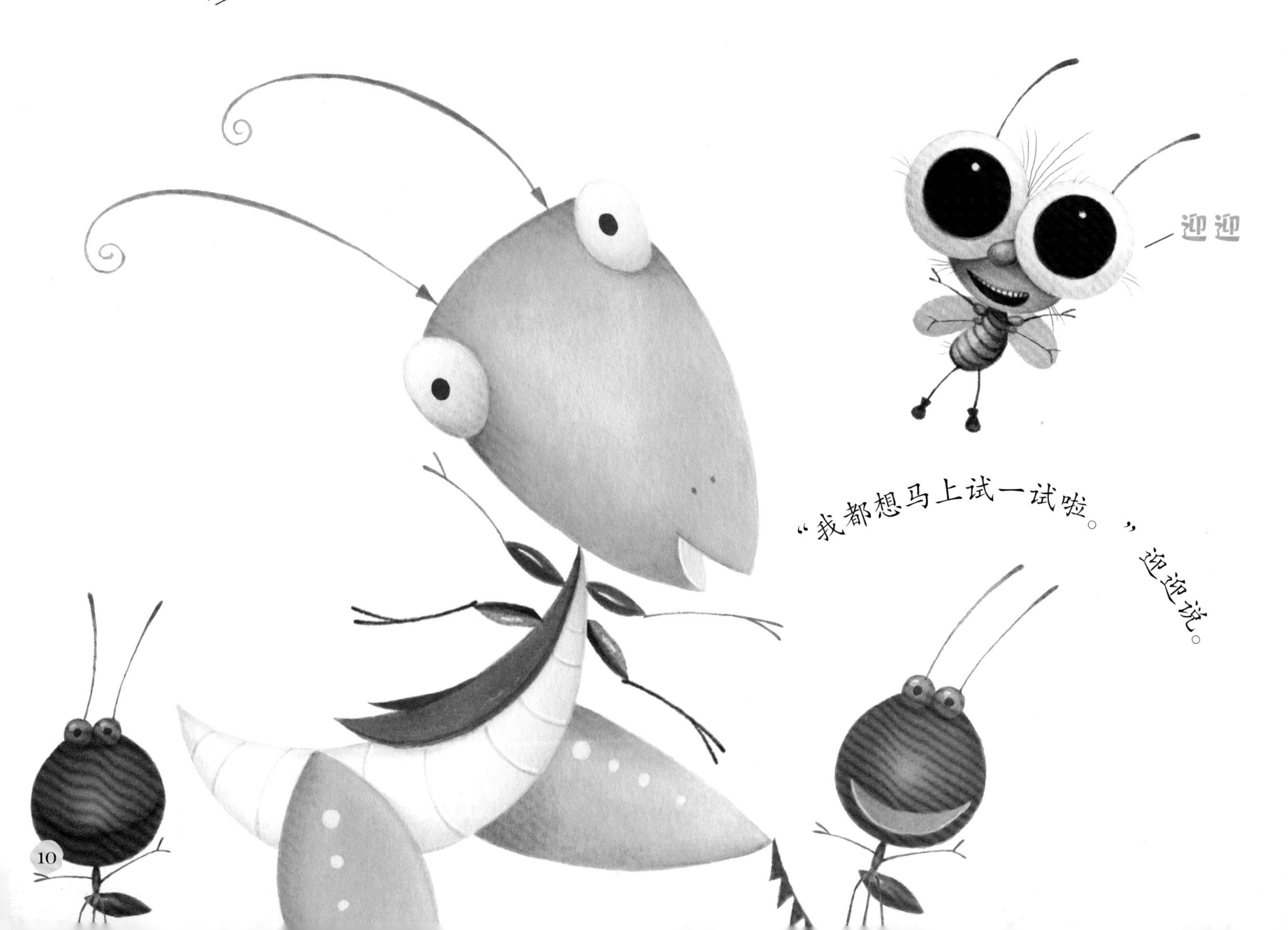

“我都想马上试一试啦。”迎迎说。

“呃，不要吧。”小蜈有些为难。

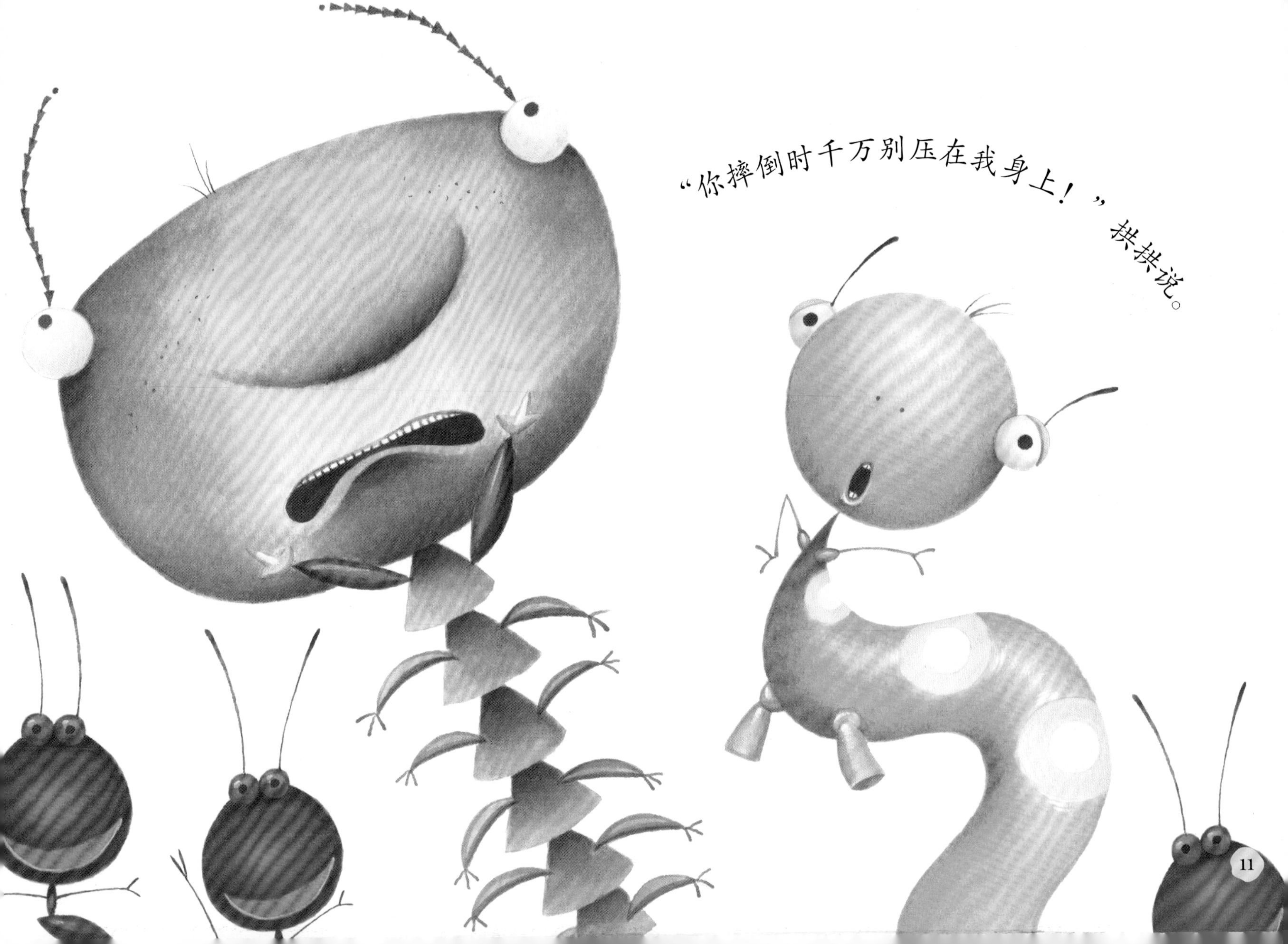

“你摔倒时千万别压在我身上！”拱拱说。

毛毛教练把正确的舞步重复跳了三遍。跳完以后，她刚好回到最开始的位置。毛毛教练大声招呼小虫虫们："现在，大家跟我一起跳！"

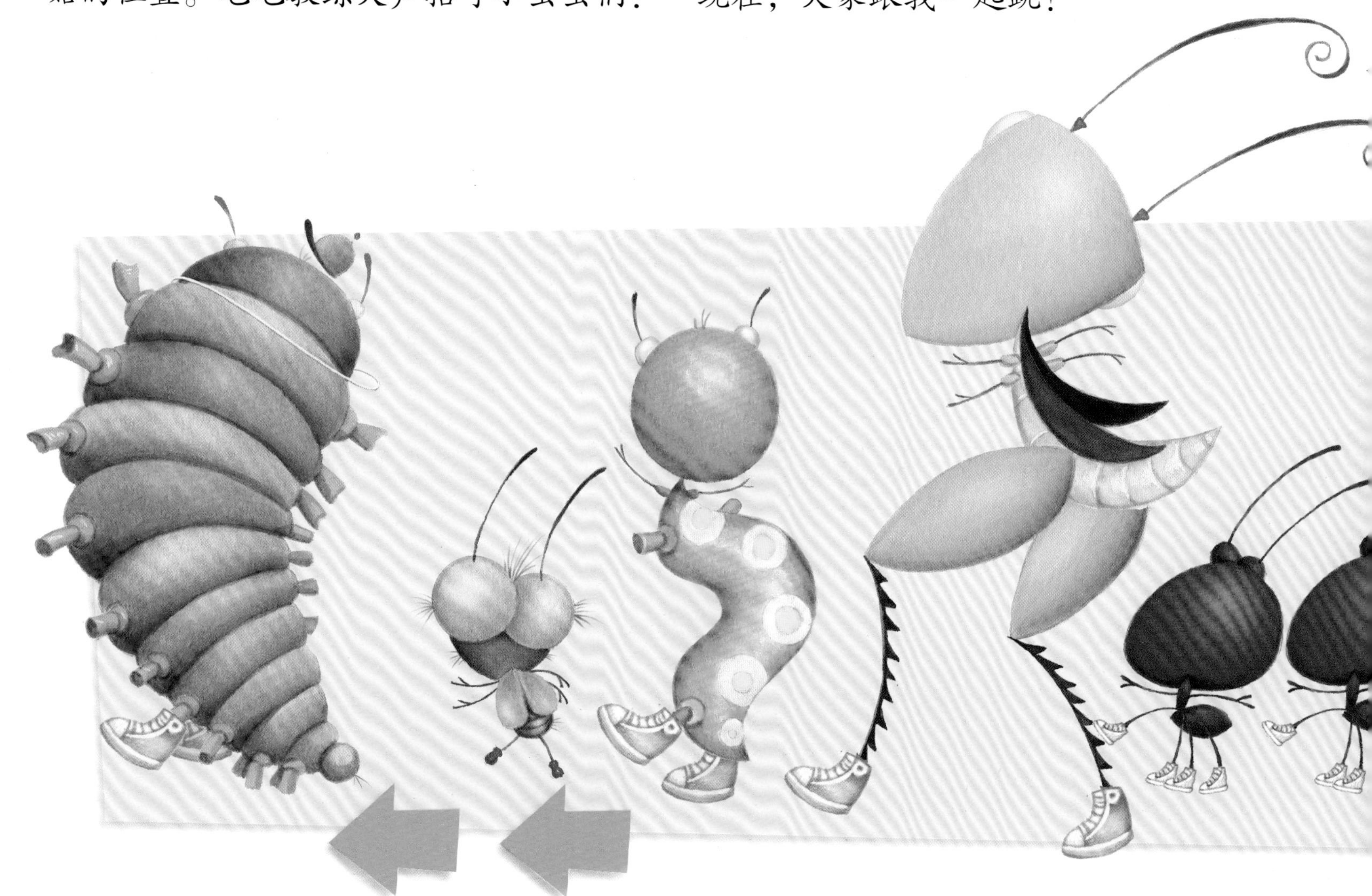

向**左**迈两步，

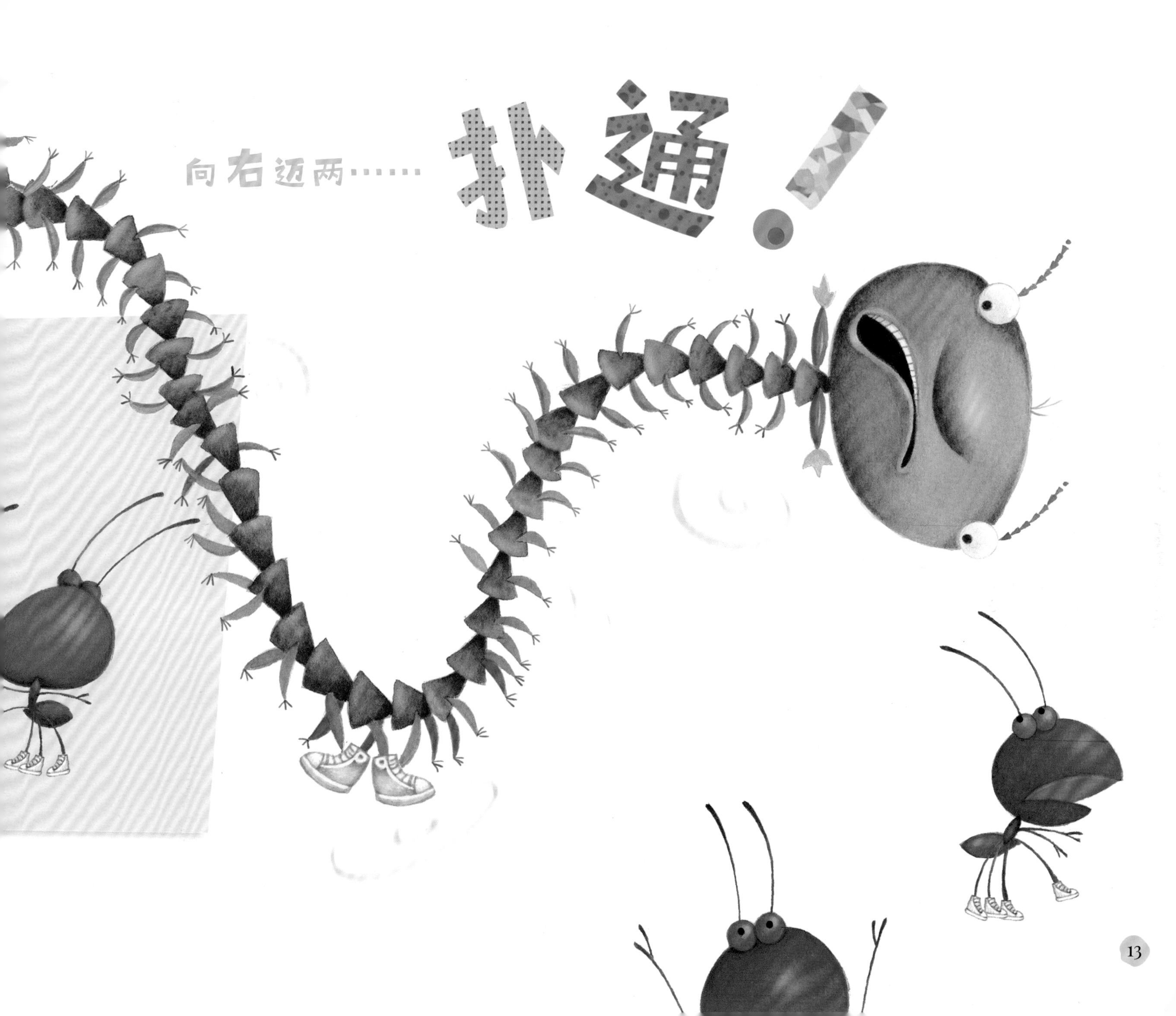
向右迈两……
扑通！

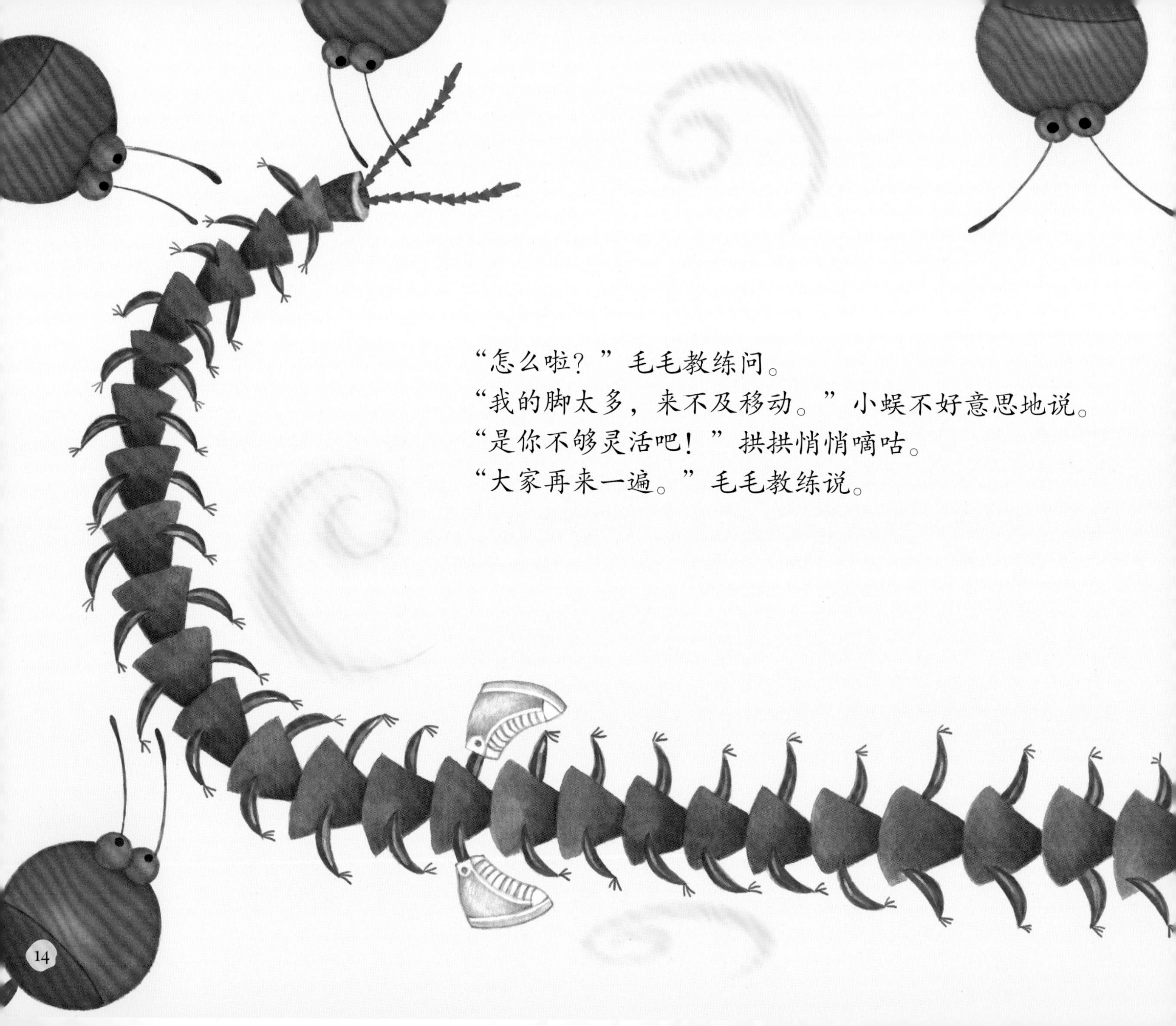

“怎么啦？”毛毛教练问。
“我的脚太多，来不及移动。”小蜈不好意思地说。
“是你不够灵活吧！”拱拱悄悄嘀咕。
“大家再来一遍。”毛毛教练说。

“各就各位！预备——跳！”毛毛教练大声喊道。

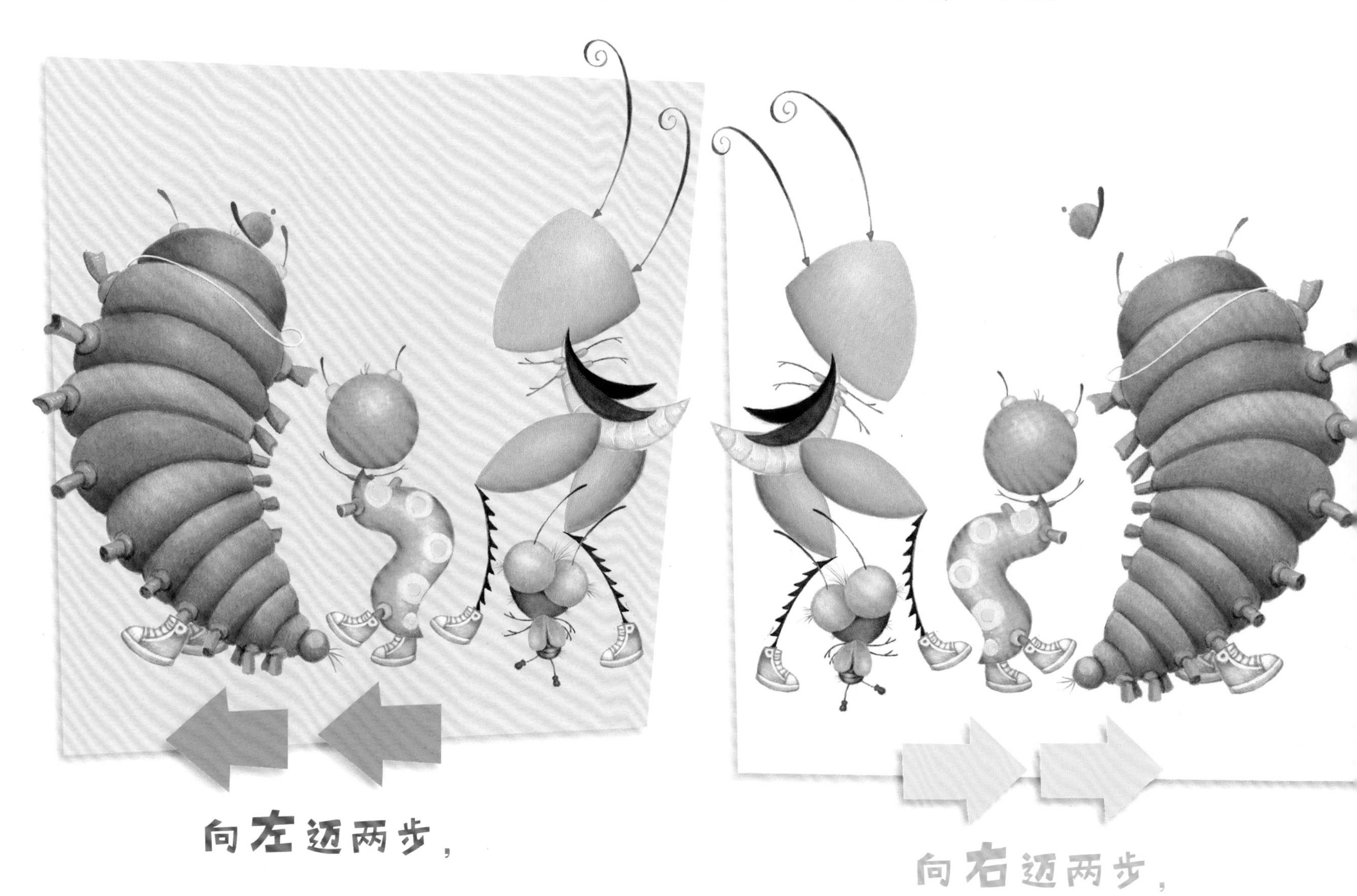

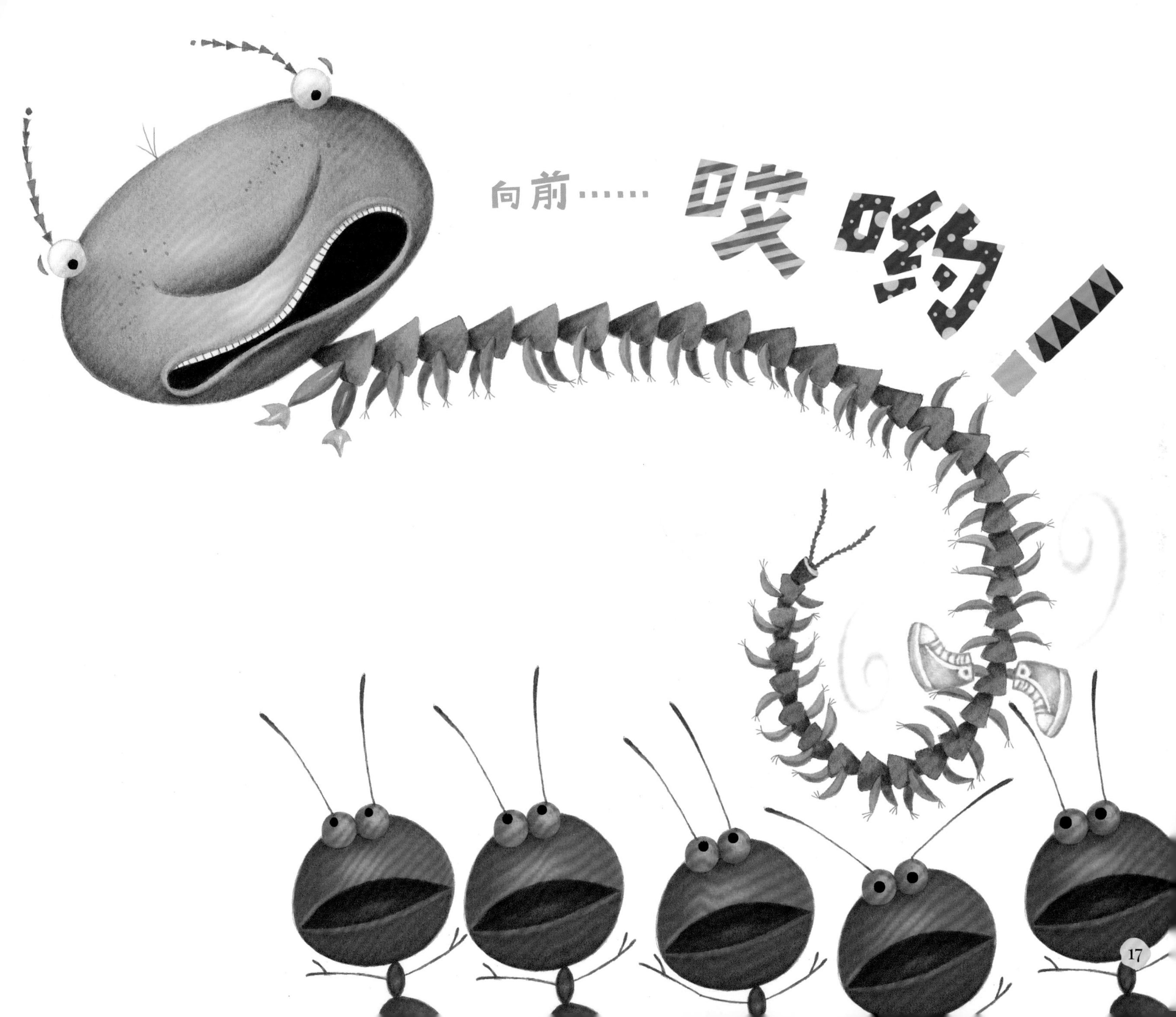
向前……
哎哟！

“大家都还好吗？”毛毛教练担心地问。
“小蜈又摔倒了。”小帅回答道。
“我差一点就做到了。”小蜈不好意思地说。
“早着呢！”拱拱不屑地说。

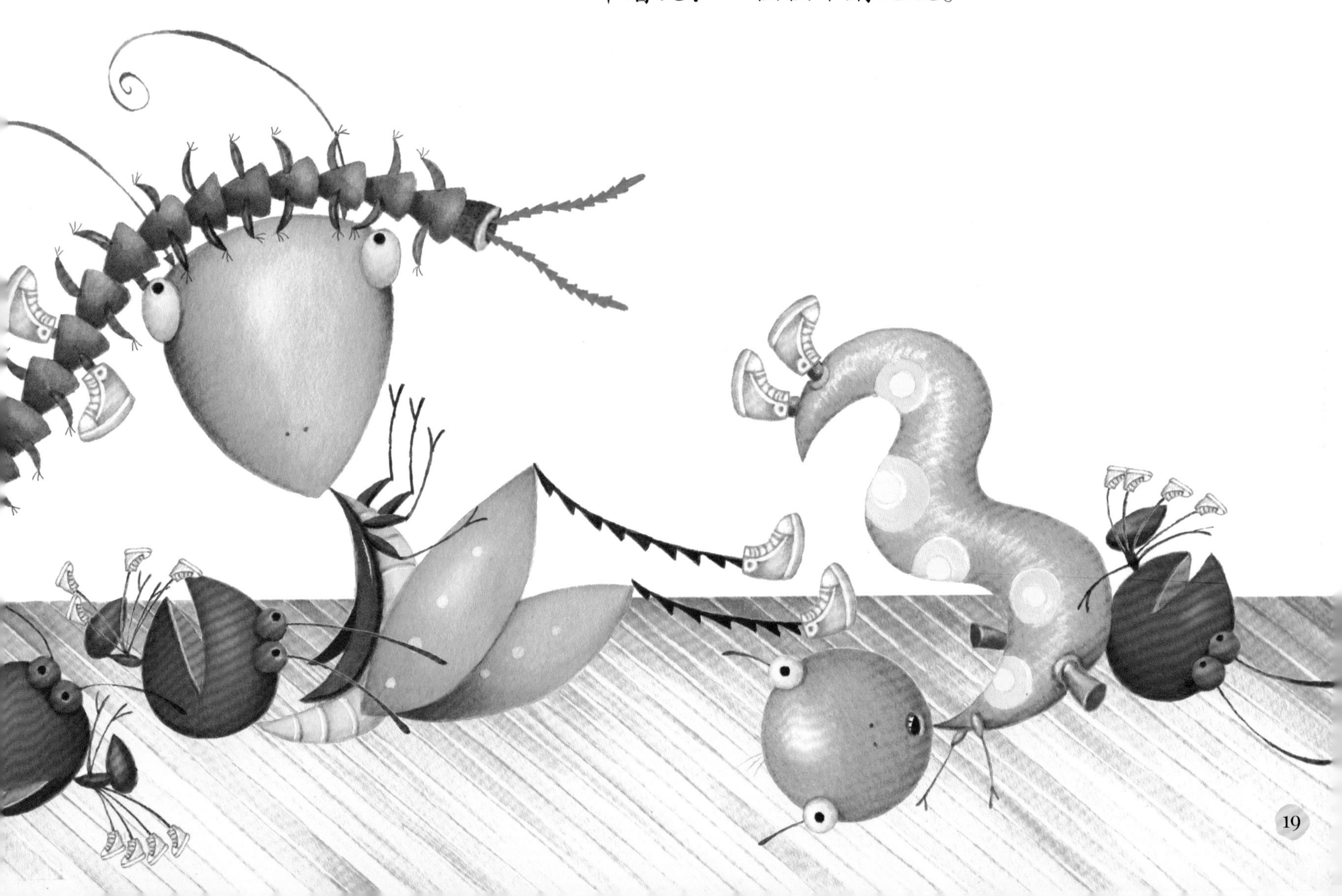

“好吧，再来一次！”毛毛教练鼓励大家。

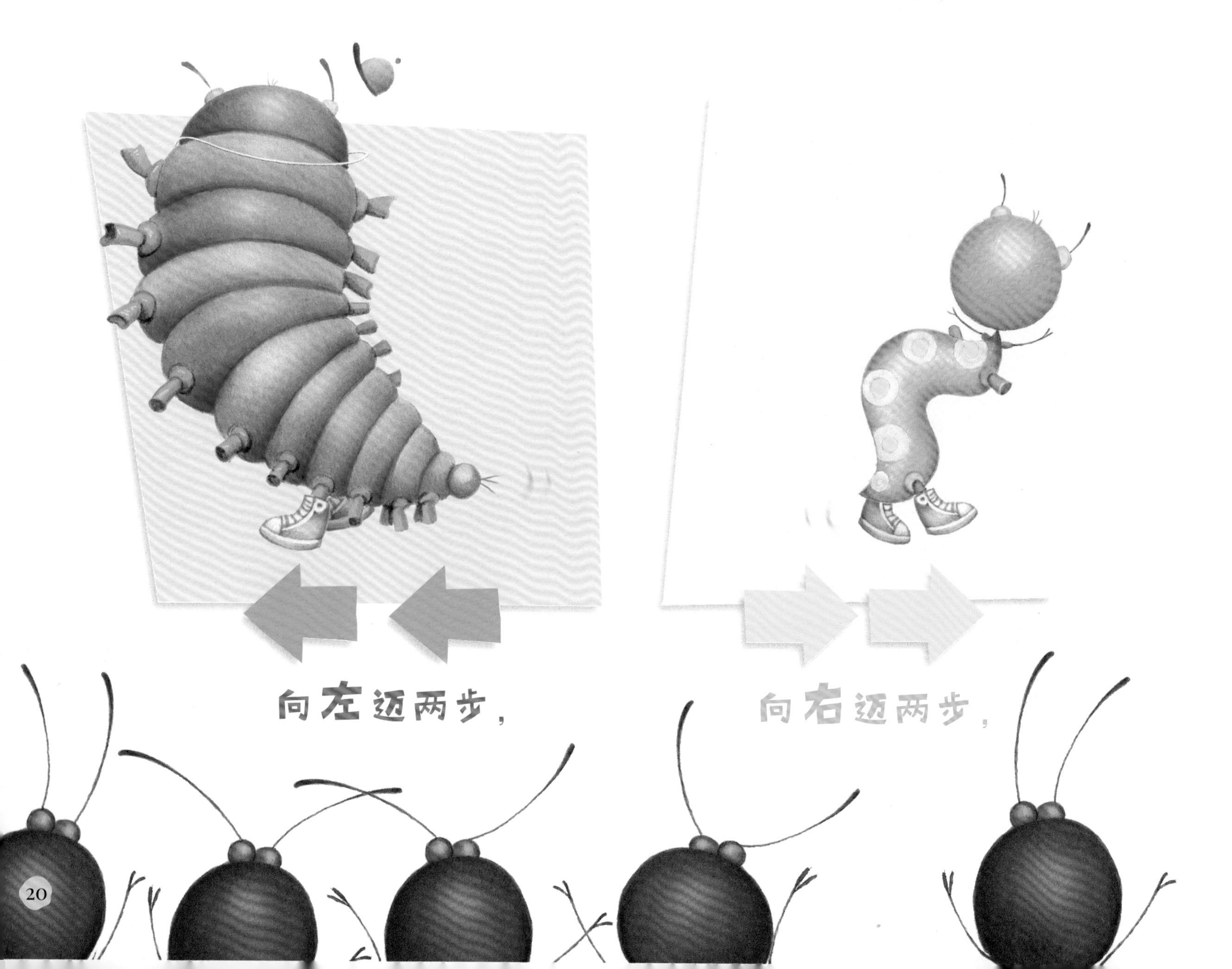

向前一步，

向后一步。

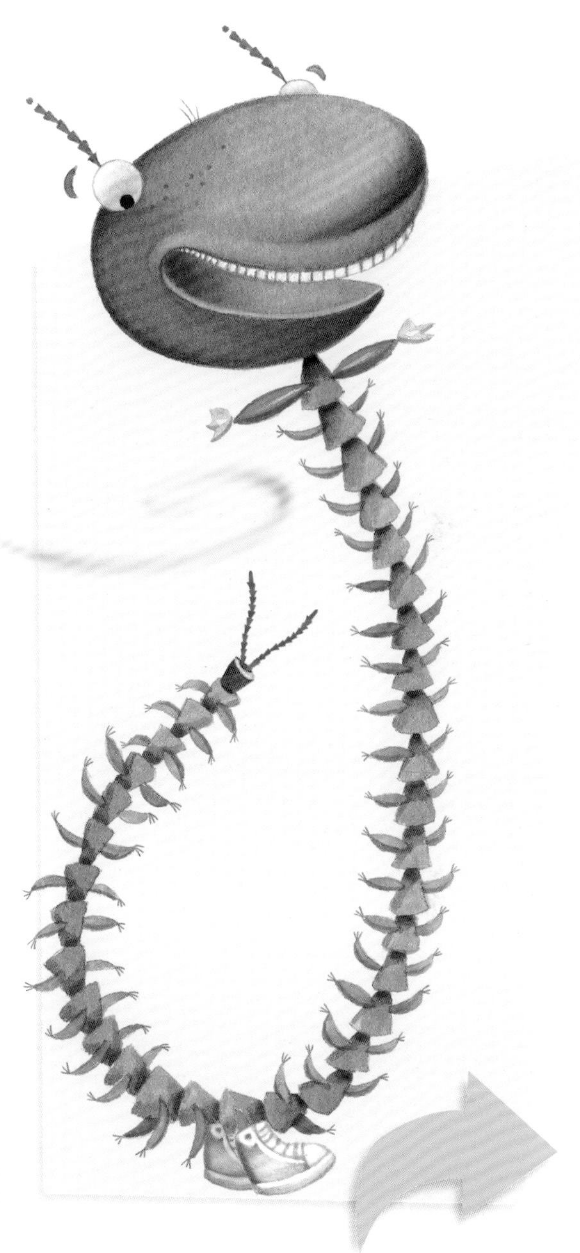

跳起来，向右转！

“成功啦！”大家全都兴奋地喊起来。

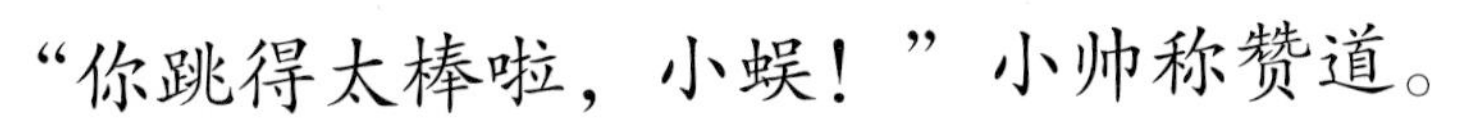

“你跳得太棒啦，小蜈！”小帅称赞道。

“我们都学会啦！”迎迎说。

“跳舞真好玩！”小蜈开心极了。

“还要重复跳三遍才算数，”拱拱不屑地说，“可你根本做不到。”

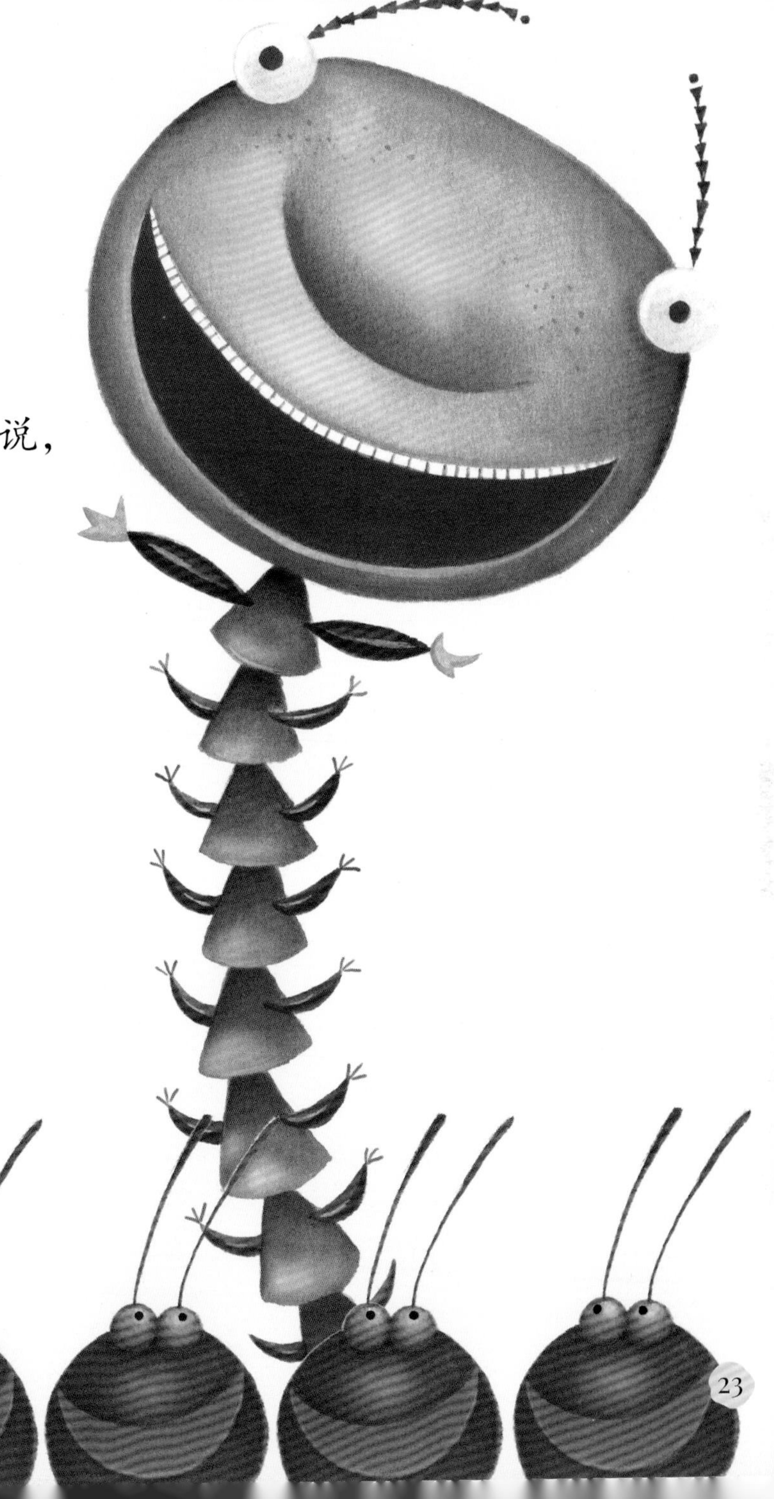

小虫虫们又跳了三遍，刚好回到最初的位置。

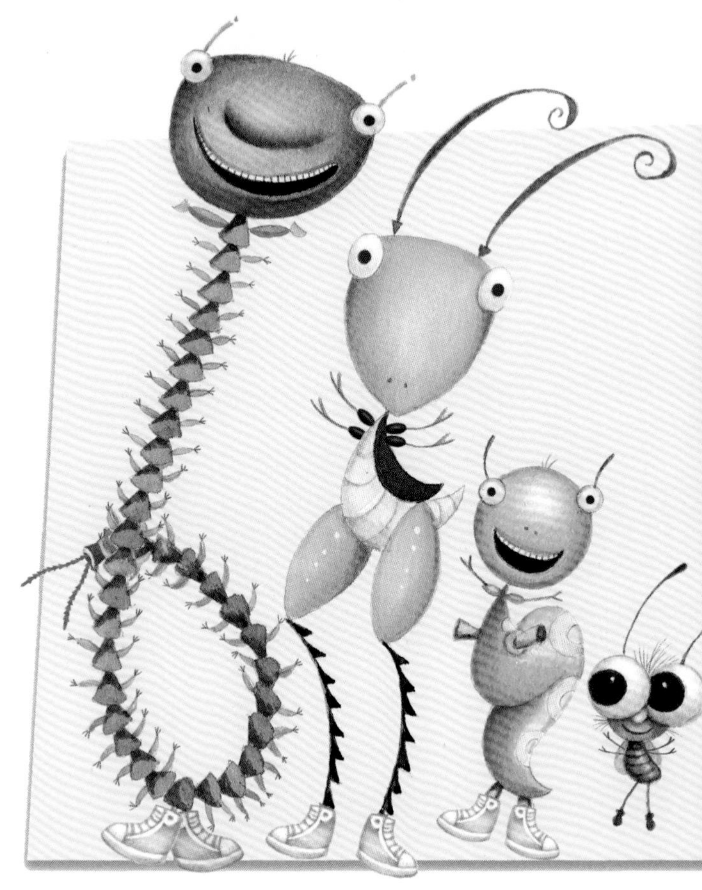

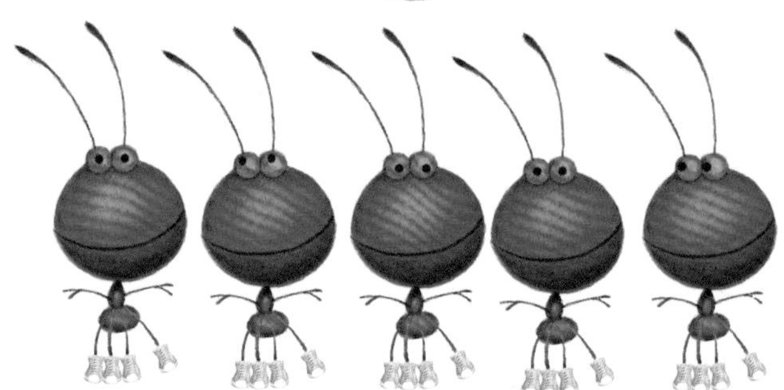

小蜈再也没有摔过跤。

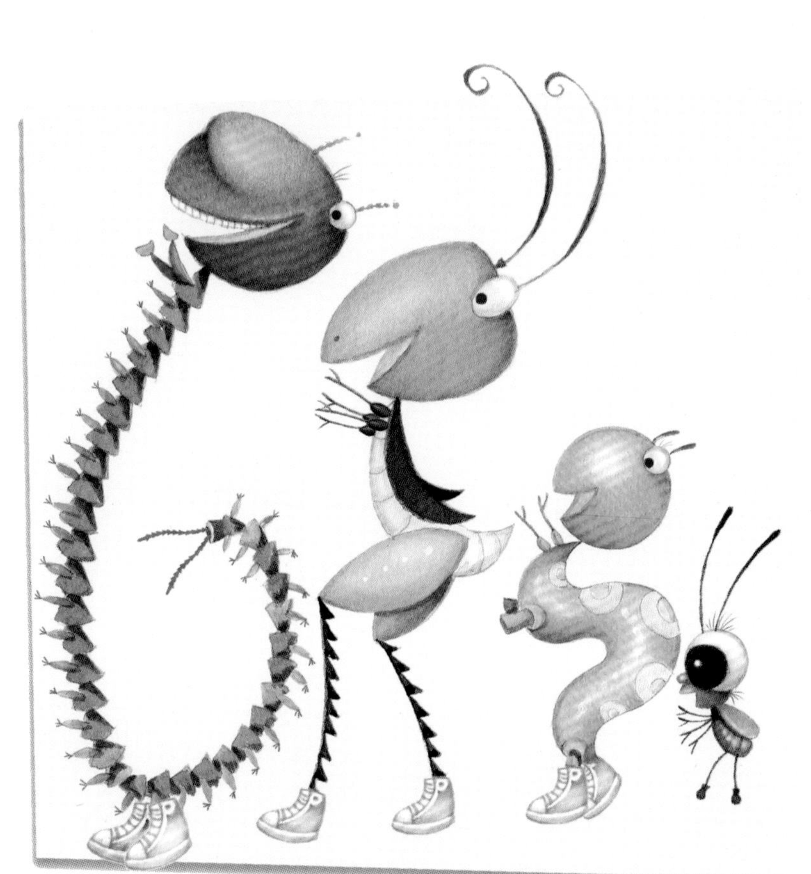

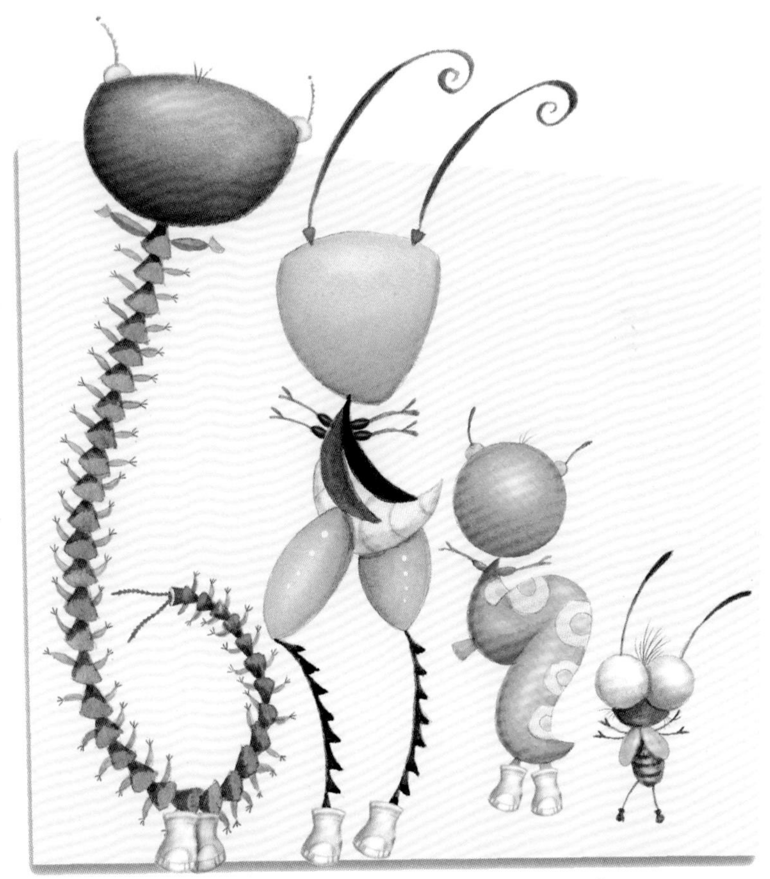

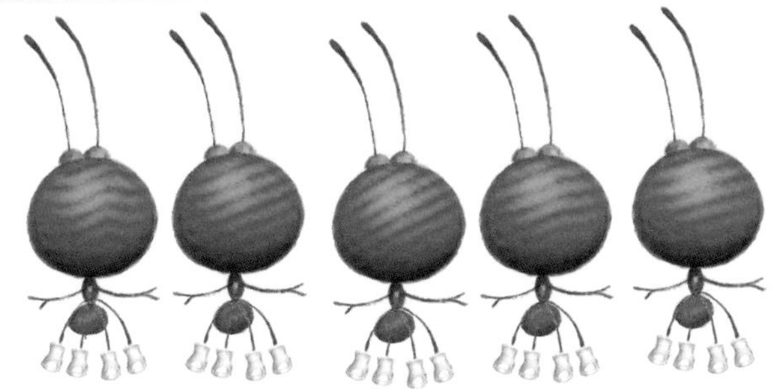

“太棒啦！”毛毛教练表扬大家。“现在我们来一起学结尾部分的动作。”毛毛教练转过身问道，“准备好了吗？”接着她唱起歌：

“左扭扭，右扭扭。虫虫舞要天天跳！”

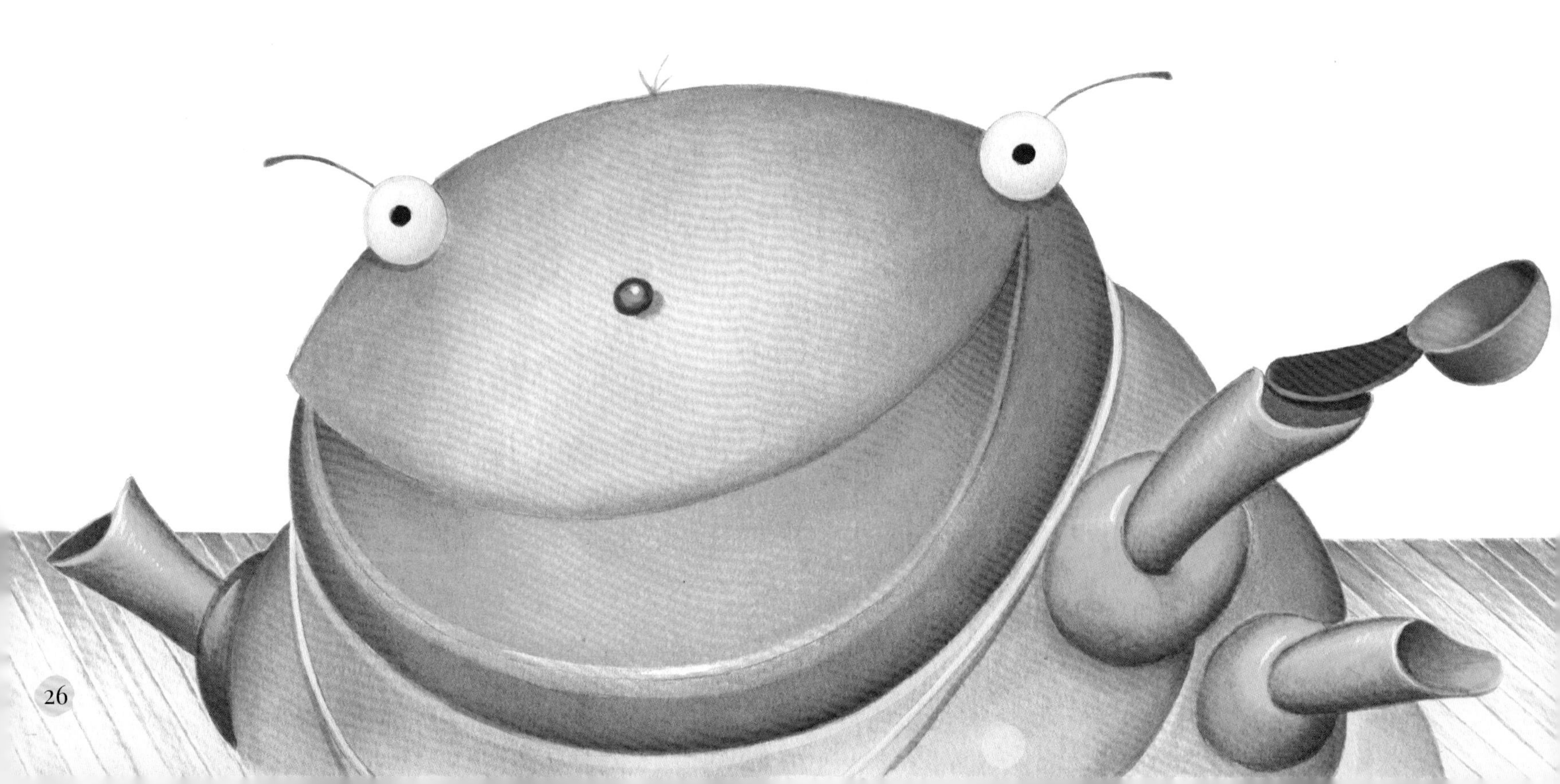

“好吧，”拱拱不得不承认，“看来小蜈也能学会跳舞。不过，他肯定没有我拱拱跳得好。瞧我的绝招！”

拱拱原地旋转，然后轻轻一蹦，跳到半空中……

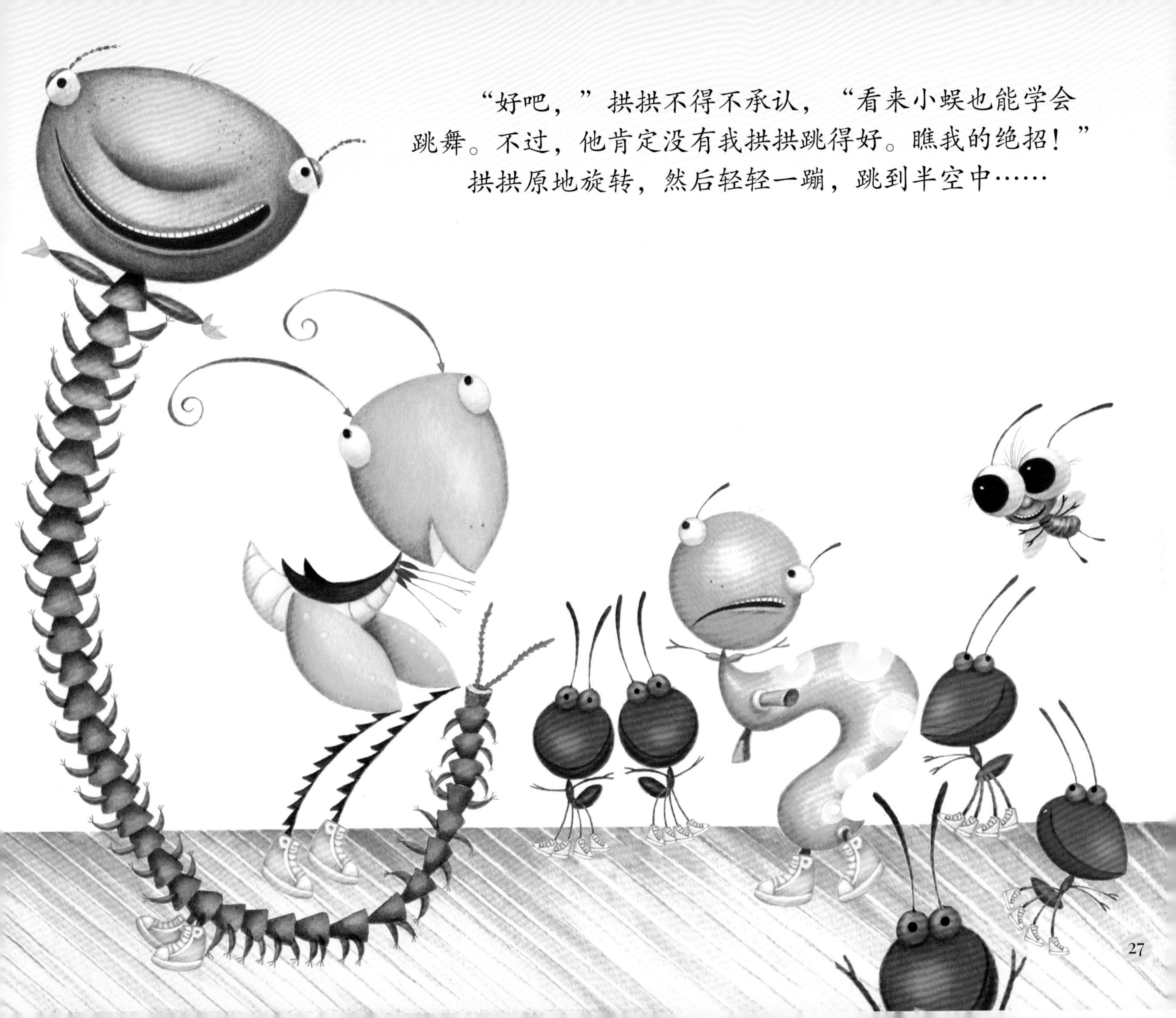

……可是跳得太高了。

虫虫舞
C
F F
A
C C C
向 左 迈 两 步，向
F F
A
F F F
C
A
C
右 迈 两 步，向 前 一 步，向 后

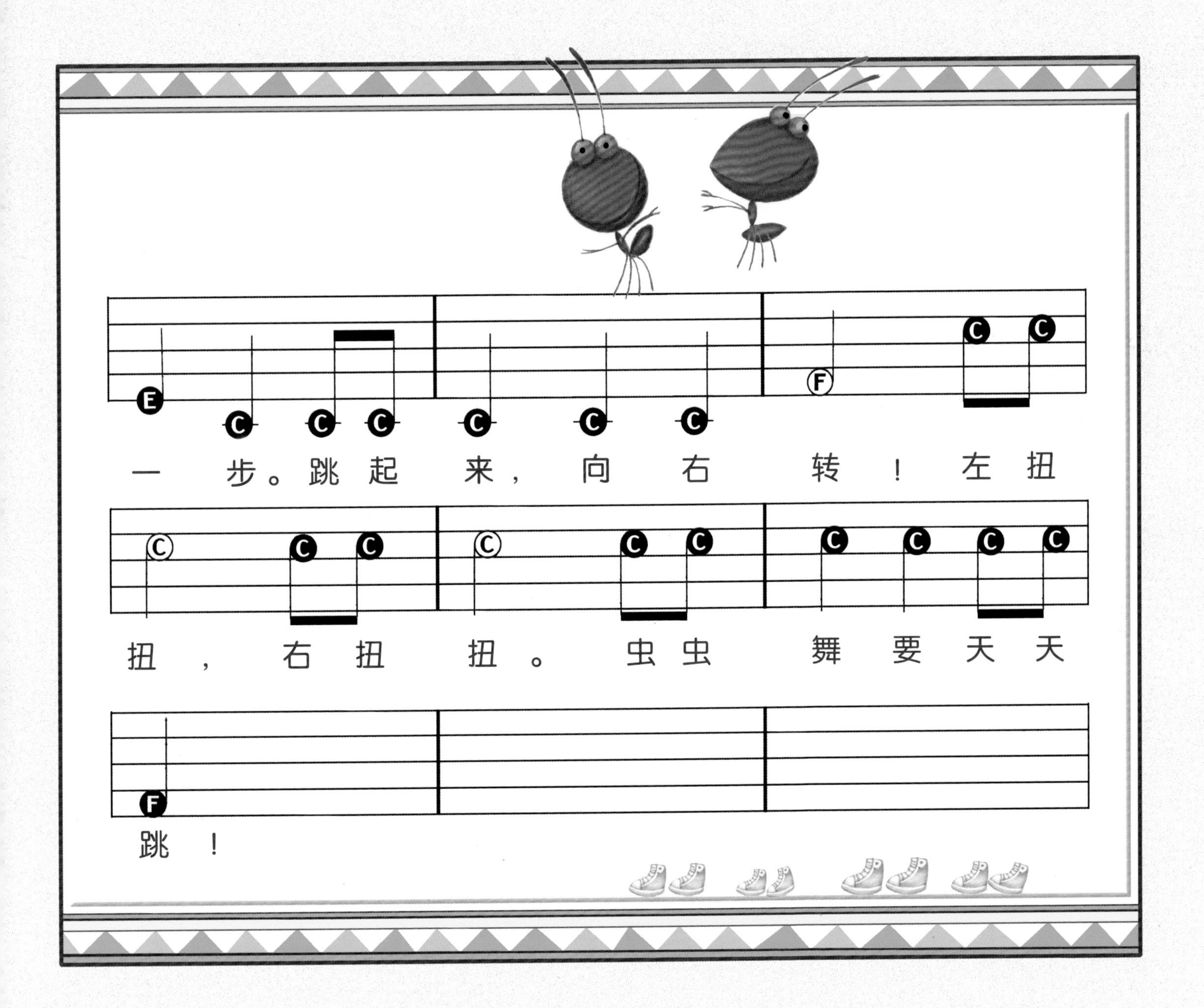
E
C
C
C
C
C
C
F
C
C
一 步。跳 起 来，向 右 转！左 扭
C
C
C
C
C
C
C
C
C
C
扭，右 扭 扭。虫 虫 舞 要 天 天
F
跳！

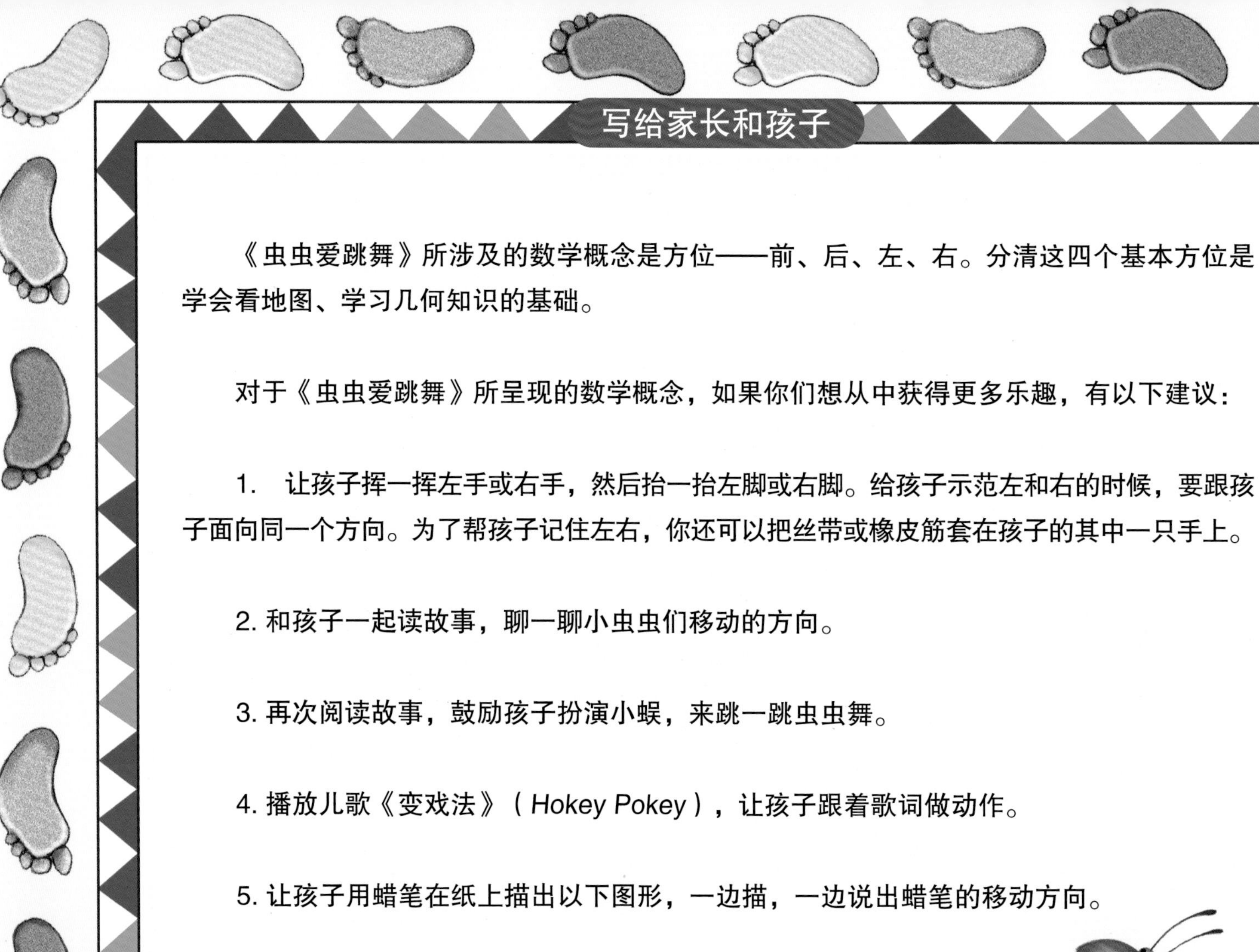

写给家长和孩子

《虫虫爱跳舞》所涉及的数学概念是方位——前、后、左、右。分清这四个基本方位是学会看地图、学习几何知识的基础。

对于《虫虫爱跳舞》所呈现的数学概念，如果你们想从中获得更多乐趣，有以下建议：

1. 让孩子挥一挥左手或右手，然后抬一抬左脚或右脚。给孩子示范左和右的时候，要跟孩子面向同一个方向。为了帮孩子记住左右，你还可以把丝带或橡皮筋套在孩子的其中一只手上。

2. 和孩子一起读故事，聊一聊小虫虫们移动的方向。

3. 再次阅读故事，鼓励孩子扮演小蜈，来跳一跳虫虫舞。

4. 播放儿歌《变戏法》（*Hokey Pokey*），让孩子跟着歌词做动作。

5. 让孩子用蜡笔在纸上描出以下图形，一边描，一边说出蜡笔的移动方向。

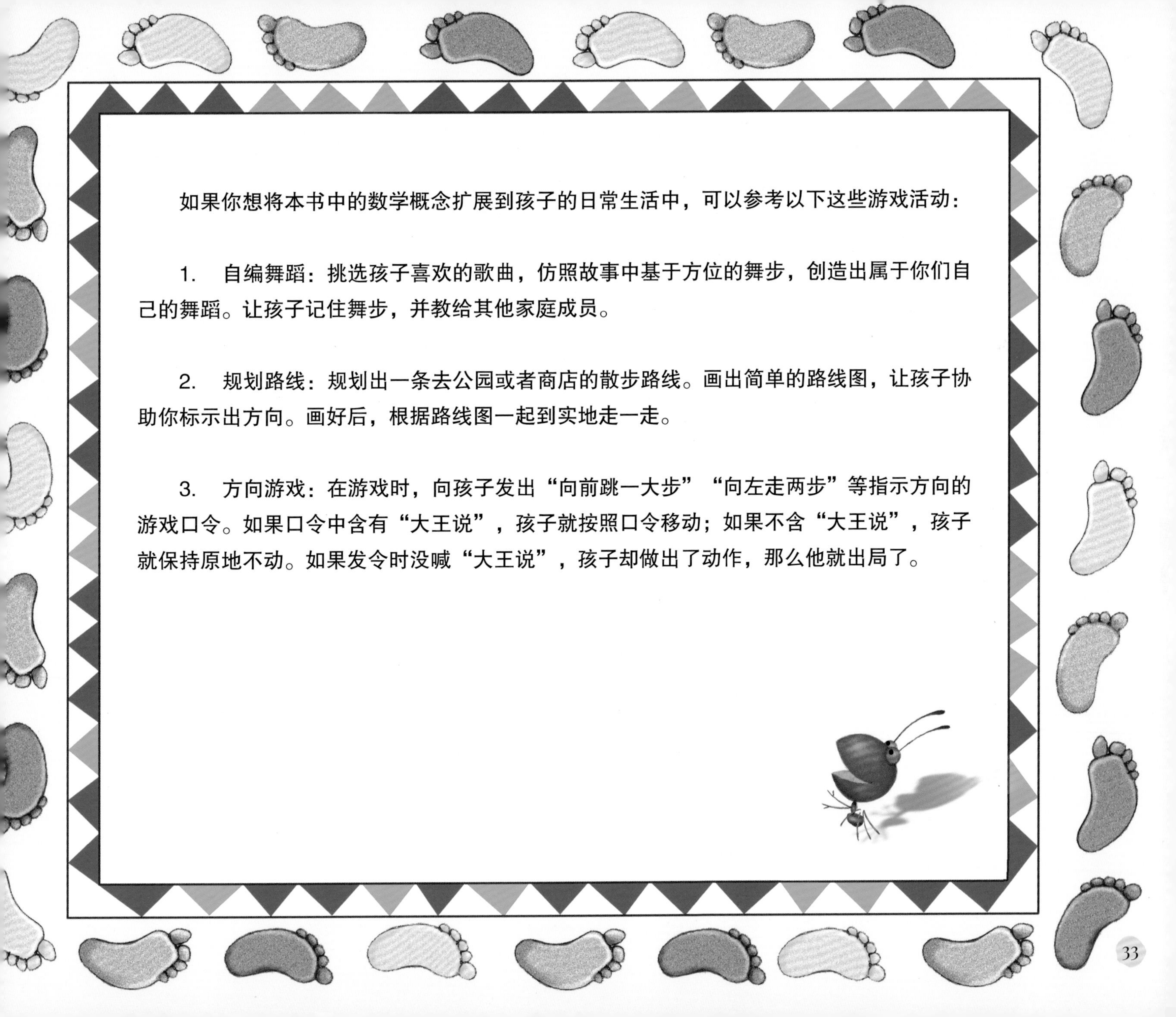

如果你想将本书中的数学概念扩展到孩子的日常生活中，可以参考以下这些游戏活动：

1. 自编舞蹈：挑选孩子喜欢的歌曲，仿照故事中基于方位的舞步，创造出属于你们自己的舞蹈。让孩子记住舞步，并教给其他家庭成员。

2. 规划路线：规划出一条去公园或者商店的散步路线。画出简单的路线图，让孩子协助你标示出方向。画好后，根据路线图一起到实地走一走。

3. 方向游戏：在游戏时，向孩子发出“向前跳一大步”“向左走两步”等指示方向的游戏口令。如果口令中含有“大王说”，孩子就按照口令移动；如果不含“大王说”，孩子就保持原地不动。如果发令时没喊“大王说”，孩子却做出了动作，那么他就出局了。

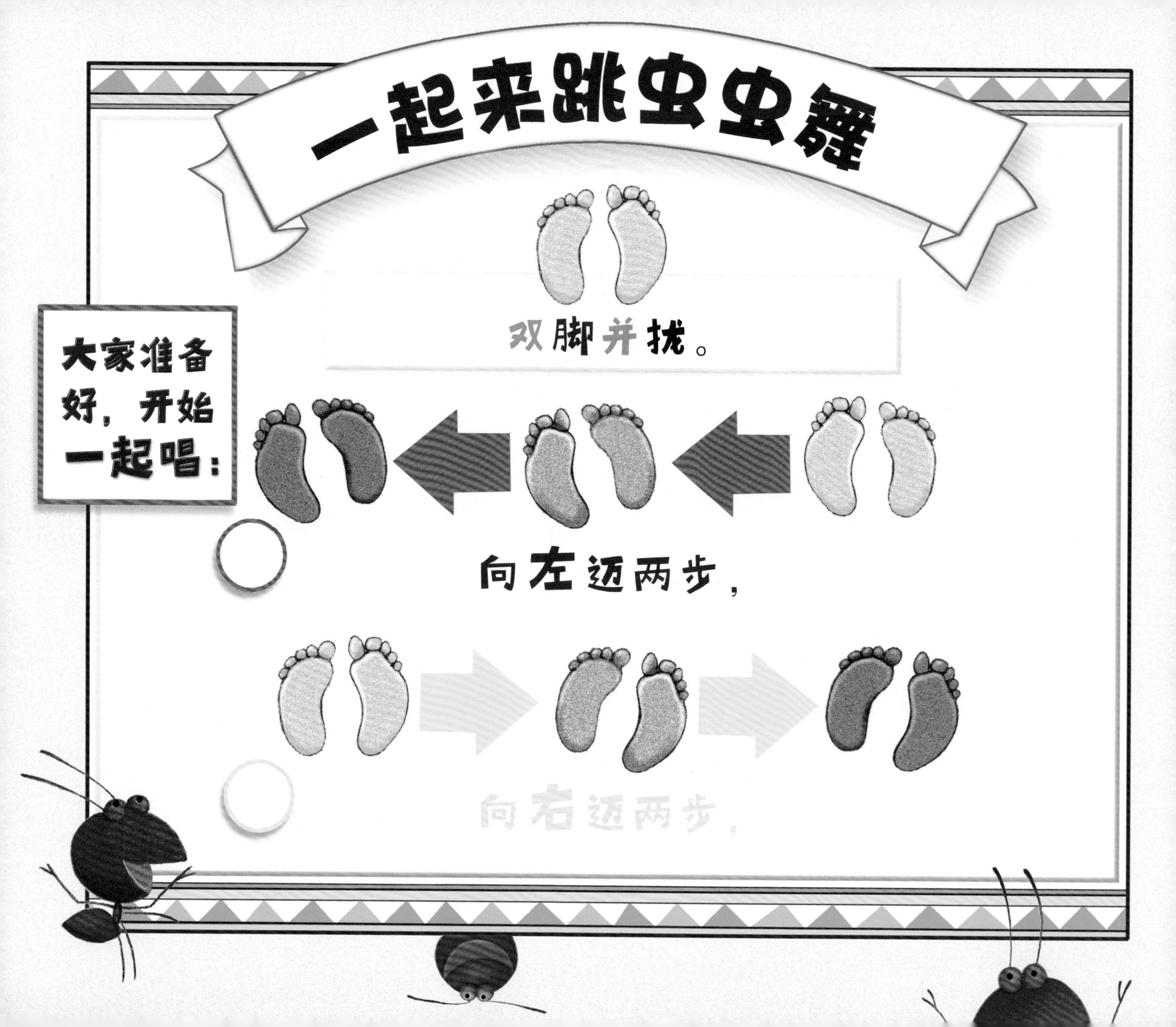
一起来跳虫虫舞
大家准备好，开始一起唱：
双脚并拢。
向左迈两步，
向右迈两步，

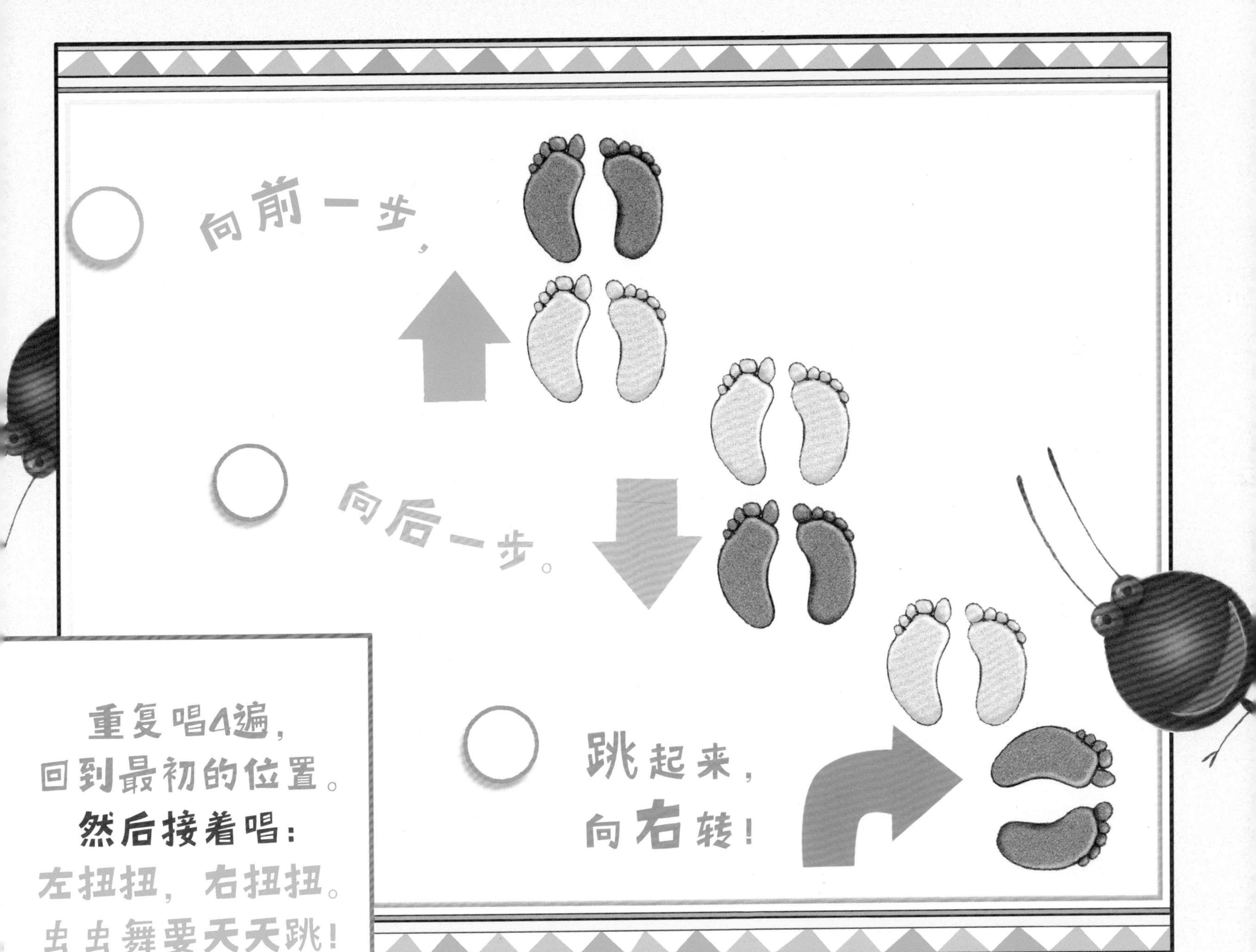

重复唱4遍，
回到最初的位置。
然后接着唱：
左扭扭，右扭扭。
虫虫舞要天天跳！

洛克数学启蒙

《虫虫大游行》	比较
《超人麦迪》	比较轻重
《一双袜子》	配对
《马戏团里的形状》	认识形状
《虫虫爱跳舞》	方位
《宇宙无敌舰长》	立体图形
《手套不见了》	奇数和偶数
《跳跃的蜥蜴》	按群计数
《车上的动物们》	加法
《怪兽音乐椅》	减法

《小小消防员》	分类
《1、2、3，茄子》	数字排序
《酷炫100天》	认识1~100
《嘀嘀，小汽车来了》	认识规律
《最棒的假期》	收集数据
《时间到了》	认识时间
《大了还是小了》	数字比较
《会数数的奥马利》	计数
《全部加一倍》	倍数
《狂欢购物节》	巧算加法

《人人都有蓝莓派》	加法进位
《鲨鱼游泳训练营》	两位数减法
《跳跳猴的游行》	按群计数
《袋鼠专属任务》	乘法算式
《给我分一半》	认识对半平分
《开心嘉年华》	除法
《地球日，万岁》	位值
《起床出发了》	认识时间线
《打喷嚏的马》	预测
《谁猜得对》	估算

《我的比较好》	面积
《小胡椒大事记》	认识日历
《柠檬汁特卖》	条形统计图
《圣代冰激凌》	排列组合
《波莉的笔友》	公制单位
《自行车环行赛》	周长
《也许是开心果》	概率
《比零还少》	负数
《灰熊日报》	百分比
《比赛时间到》	时间